Gauss, ein Umriss seines Lebens und Wirkens

Friedrich August Theodor Winnecke

Alpha Editions

This edition published in 2022

ISBN : 9789356894334

Design and Setting By
Alpha Editions
www.alphaedis.com
Email - info@alphaedis.com

Gauss, ein Umriss seines Lebens und Wirkens

By Friedrich August Theodor Winnecke

Am 30. April 1777 erblickte zu Braunschweig in einem unscheinbaren Hause auf dem Wendengraben CARL FRIEDRICH GAUSS das Licht der Welt. Eine Gedenktafel an jenem Hause erinnert seit zwei Jahrzehnten den Vorübergehenden daran. Wenige jedoch werden wissen, mit wie makellosem Lichte der Stern leuchtete, welcher an jenem Tage am geistigen Firmamente der Menschheit aufging, wie viele in tiefer Nacht verborgene Schätze des Geistes durch seinen hellen Schein uns offenbar wurden, ja wie wir alle — nicht bloß die Männer der Wissenschaft — noch täglich den Einfluß seiner belebenden Strahlen empfinden.

Die äußeren Verhältnisse, unter denen Gauß aufwuchs, waren keineswegs günstig für die Entwickelung der hohen Begabung, welche der Knabe schon in sehr zartem Lebensalter zeigte. Der Vater, Gerhard Diederich Gauß, geb. 1744, war ein Handwerker, der vielerlei Geschäfte betrieb, und zuletzt, bis an seinen 1808 erfolgten Tod, sich mit Gärtnerei beschäftigte. Aus seiner ersten Ehe besaß er einen 1768 geborenen Sohn Georg (gestorben zu Braunschweig am 7. August 1854), als er sich im Jahre 1776 mit Dorothea Benze (geb. 1742) verheirathete. Carl Friedrich Gauß war das einzige Kind dieser Ehe. Dorothea Benze stammte aus dem fünf Meilen von Braunschweig gelegenen Dorfe Velpke, woselbst ihr Vater, Christoph, Steinhauer war. Sie erreichte das hohe Alter von 97 Jahren und verbrachte die letzten 22 Jahre ihres Lebens unter treuer Pflege auf der Göttinger Sternwarte bei ihrem großen Sohne, dem Stolze ihres Alters, der in inniger Liebe an ihr hing. Zwischen Vater und Sohn scheint kein engeres Verhältniß bestanden zu haben; der Vater, ein vollkommen achtungswerther Mann, war in seiner Häuslichkeit herrisch, oft rauh und unfein. Hieraus ist jedoch niemals das leiseste Mißverhältniß entstanden, da der Sohn, in Folge seiner hervorragenden Begabung, schon früh vom Vater ganz unabhängig wurde.

Sehr interessant sind einzelne Züge aus der Kindheit von Gauß, wie er sie treu im Gedächtnisse behalten hatte und in späteren Lebensjahren im engsten Freundeskreise gelegentlich mittheilte, in lebendiger gemüthlicher Erzählungsweise, worin bei etwaiger Wiederholung nie die geringste Abweichung vorkam. Sartorius von Waltershausen hat bald nach dem Ableben des großen Mannes manches dahin Gehörige gesammelt und in dankenswerther Weise Gauß zum Gedächtniß veröffentlicht.

Möge es gestattet sein, ihm Einiges nach zu erzählen. Gauß erlernte das Lesen ohne Unterricht, indem er den Einen und den Andern der

Hausbewohner um die Bedeutung der Buchstaben bat; er zeigte einen so bewunderungswürdigen Sinn für die Auffassung von Zahlenverhältnissen und eine so unglaubliche Leichtigkeit und Sicherheit im Kopfrechnen, daß er dadurch sehr bald die Aufmerksamkeit seiner Eltern erregte. Er selbst pflegte oft scherzweise zu sagen, er habe früher rechnen als sprechen können. Bei Gelegenheit einer Wochenabrechnung, die sein Vater mit den Gesellen und Tagelöhnern abhielt, bemerkte der unbeachtet zuhörende, kaum dreijährige Knabe, daß sein Vater sich verrechnet hatte und im Begriffe stand, falsche Summen auszuzahlen, und rief: »Vater, die Rechnung ist falsch, es macht soviel.« Zum Erstaunen aller Anwesenden zeigte es sich bei sorgsamer Neuberechnung, daß die von dem Kinde angegebene Summe die richtige war.

Erst 1784, als Gauß schon sein siebentes Lebensjahr zurückgelegt hatte, wurde er zum Unterricht in die Catharinen-Volksschule geschickt. Hier wurde er zwei Jahre lang durch Büttner im Lesen und Schreiben unterrichtet, ohne sich merklich vor seinen Mitschülern auszuzeichnen. Nach Verlauf von zwei Jahren kam er in die Rechenclasse und hier zog Gauß sehr bald die Aufmerksamkeit von Büttner auf sich. Es war nämlich eingeführt, daß der Schüler, welcher zuerst sein Rechenexempel beendigt hatte, die Tafel in die Mitte eines großen Tisches legte; über diese legte der Zweite seine Tafel u. s. w. Der kleine Gauß war kaum in die Rechenclasse eingetreten, als Büttner eine Aufgabe dictirte, welche in die Sprache der Algebra übersetzt nichts Anderes war, als die Summation einer arithmetischen Reihe, für deren Ausführung die Arithmetik eine sehr einfache, rasch zum Ziel führende Weise lehrt. Büttner hatte die Aufgabe kaum ausgesprochen, als Gauß die Tafel mit den im Braunschweiger Platt gesprochenen Worten auf den Tisch wirft: »Ligget se'« (da liegt sie). Während die anderen Schüler emsig weiter rechnen, geht Büttner auf und ab, die Karwatsche in der Hand, und wirft von Zeit zu Zeit einen mitleidigen Blick auf den kleinen Gauß, der so rasch seine Aufgabe beendigt hatte. Dieser saß dagegen ruhig, schon eben so sehr von dem festen unerschütterlichen Bewußtsein durchdrungen, welches ihn bis zum Ende seiner Tage bei jeder vollendeten Arbeit erfüllte, daß seine Aufgabe richtig gelöst sei und daß das Resultat kein anderes sein könne. Am Ende der Stunde wurden darauf die Rechentafeln umgekehrt; die von Gauß mit einer einzigen Zahl lag oben; sie gab die richtige Lösung, während viele der übrigen falsch waren und alsbald mit der Karwatsche rectificirt wurden. Büttner verschrieb hierauf eigens aus Hamburg ein neues Rechenbuch, um damit den jungen aufstrebenden Geist nach Kräften zu unterstützen.

Büttner's Gehülfe war in jenen Jahren ein junger Bartels, ebenfalls Braunschweiger von Geburt. Dieser, damals 18 Jahre alt, betrieb eifrig mathematische Studien und zog den kleinen Gauß zu sich heran; er schaffte die nothwendigen Bücher herbei und machte Gauß, nach Bewältigung der elementaren Dinge, schon damals mit der Lehre von den unendlichen Reihen bekannt und führte ihn in das Gebiet der Analysis ein. Diese gemeinschaftlichen mathematischen Studien wurden für Beider Lebensrichtung bestimmend.

Bartels ging, nachdem er von 1788 an auf dem Collegium Carolinum studirt hatte, als Lehrer der Mathematik nach Reichenau in Graubünden; später kam er als Professor der Mathematik an die Universität in Kasan und wurde schließlich nach Dorpat berufen, woselbst er im Jahre 1836 verstarb. Seine Tochter verheirathete sich mit dem berühmten Astronomen Struve.

Auch Gauß verließ im Jahre 1788 die Volksschule, um das Gymnasium zu besuchen, womit sein Vater wenig einverstanden war. Da er schon vorher mit Hülfe seiner älteren Freunde sich in den Anfängen der classischen Sprachen ausgebildet hatte, so wurde er, seiner vorgerückten Kenntnisse halber, gleich in die zweite Classe aufgenommen. Mit unglaublicher Schnelligkeit bemächtigte er sich hier der alten Sprachen und wurde zwei Jahre später nach Prima versetzt.

Inzwischen waren, hauptsächlich durch Bartels, hochstehende Personen in Braunschweig, unter denen namentlich der Geheime-Etatsrath von Zimmermann genannt zu werden verdient, auf die ungewöhnliche Befähigung des jungen Gauß aufmerksam geworden; sie veranlaßten, daß derselbe im Jahre 1791 dem Herzoge Carl Wilhelm Ferdinand vorgestellt wurde. Der hohe Fürst gewährte, in Folge dieser Vorstellung, die Mittel zur weitern Ausbildung des vielversprechenden Jünglings.

Vom Herzoge unterstützt bezog Gauß im Jahre 1792 das Collegium Carolinum. Dort erlernte er die neueren Sprachen und vertiefte seine Kenntnisse der alten. Es beschäftigten ihn auch in jener Zeit tiefgehende eigene mathematische Studien; denn schon wenige Jahre später war er im Besitze von mathematischen Wahrheiten, die, falls schon damals veröffentlicht, den jungen, noch nicht zwanzigjährigen Mann sofort den ersten Männern der Wissenschaft zur Seite gestellt haben würden.

Als Gauß im Herbst 1795 das Collegium Carolinum verließ, um die Universität Göttingen zu beziehen, war er sich jedoch noch keineswegs klar darüber geworden, ob er der Philologie oder der Mathematik sein Leben widmen solle. Mit Interesse besuchte er die philologischen Vorträge bei Heyne, während ihn die mathematischen Vorlesungen des damals so berühmten Kästner wenig anzogen. Kästner hatte, äußerte Gauß in seinen späteren Jahren, einen ganz eminenten Mutterwitz, aber, sonderbar genug, er hatte ihn bei allen Gegenständen außerhalb der Mathematik; er hatte ihn sogar, wenn er über Mathematik (im Allgemeinen) sprach, aber er wurde oft ganz davon verlassen innerhalb der Mathematik. Es ließen sich davon die lächerlichsten Beispiele anführen.

Während also scheinbar sich Gauß in Göttingen den classischen Studien zuwandte, war er in Wirklichkeit mit den tiefsten mathematischen Studien beschäftigt, wie daraus hervorgeht, daß er am 30. März 1796 (nach seiner handschriftlichen Notiz) entdeckte, daß ein 17-Eck in einem Kreise geometrisch construirbar sei. Seit Euklid's Zeiten kannte man die geometrische Theilbarkeit des Kreises in drei und fünf Theile und die daraus ohne Weiteres abzuleitenden Constructionen des 6-Ecks, 10-Ecks u. s. w. Aber obgleich gerade mit diesem Theile der Mathematik sich ein jeder Geometer beschäftigt, so war es gewissermaaßen ein Dogma geworden, daß außer den erwähnten Constructionen keine anderen geometrisch ausgeführt werden könnten. Was seit zwei Jahrtausenden dem Blicke der größten Mathematiker entgangen war, der Scharfsinn des jungen, noch nicht 19jährigen Gauß fand es heraus. Diese Entdeckung, welche er selbst in seinem spätern Leben sehr hoch stellte, bestimmte ihn, sich fortan gänzlich dem Studium der Mathematik zu widmen; sie ist jedoch nur ein specieller Fall der wenige Jahre später von ihm in seinem ersten größern Werke, den unsterblichen »Disquisitiones arithmeticae«, gegebenen Theorie der Kreistheilung.

Daß bei der Erfüllung des Gemüthes mit so tiefsinnigen Forschungen Gauß dem gewöhnlichen studentischen Treiben fern blieb, ist selbstverständlich; er scheint in jener Zeit nur einen sehr beschränkten Verkehr mit wenigen Freunden gehabt zu haben, unter denen zwei, ein junger J. J. A. Ide, ebenfalls ein Braunschweiger, und W. Bolyai aus Maros Vásárhely in Siebenbürgen, ebenfalls als Mathematiker bekannt geworden sind. Ide (geb. 1775) wurde im Jahre 1803 als Professor der Mathematik an die Universität in Moskau berufen, woselbst er jedoch schon 1806 verstarb. Bolyai war ebenfalls etwas älter als Gauß, der von ihm geäußert haben soll, Bolyai sei der Einzige gewesen, der in seine metaphysischen Ansichten über Mathematik einzugehen verstanden habe.

Gauß beschäftigte sich schon seit seinem 16. Jahre mit mathematischen Untersuchungen tiefsinnigster Art, welche an die Erfolglosigkeit aller Bemühungen anknüpften, einen Beweis zu finden für das eilfte Euclidische Axiom: »zwei Gerade, welche von einer dritten so geschnitten werden, daß die beiden inneren an einerlei Seite liegenden Winkel zusammen kleiner als zwei Rechte sind, schneiden sich hinreichend verlängert an eben dieser Seite«, worauf sich die gewöhnliche »euclidische« Geometrie aufbaut, welche man bis in dieses Jahrhundert hinein für die einzig mögliche Form der Raumwissenschaft gehalten hat. Indem Gauß die Voraussetzung weiter verfolgte, daß das euclidische Axiom nicht wahr sei, erhielt er in consequenter Verfolgung dieser Voraussetzung eine ebenfalls in sich ganz widerspruchsfreie Geometrie, welche er die »nicht euclidische« nannte, deren Ergebnisse jedoch nur scheinbar als paradox erscheinen, weil wir frühzeitig gewöhnt werden, die Euclidische Geometrie für streng wahr zu halten. Leider sind jedoch nur Andeutungen über die hierauf bezüglichen Untersuchungen erhalten. Vielleicht finden wir Bruchstücke der Speculationen, wie sie Bolyai und Gauß in dieser Richtung während ihrer Universitätszeit verfolgten, in des Erstern Schriften, welche die Grundlagen zur Wissenschaft von der absoluten Raumlehre (im Gegensatz zur euclidischen) enthalten, und die erst in neuerer Zeit die verdiente Beachtung gefunden haben.

Eine andere wichtige Entdeckung datirt ebenfalls wahrscheinlich schon vor seinem Studienaufenthalte in Göttingen. In einer seiner Schriften giebt Gauß an, daß er seit dem Jahre 1795 an im Besitz der Methode der kleinsten Quadrate gewesen sei, ein Princip zur consequenten Ableitung der wahrscheinlichsten Resultate einer Beobachtungsreihe, dessen Anwendung auf die Beobachtungswissenschaften von der allerhöchsten Bedeutung geworden ist. In einem Briefe an den Astronomen Schumacher sagt Gauß, daß er diese Methode seit dem Jahre 1794 vielfach gebraucht habe. Jedenfalls war er schon sehr früh in dem Besitze der unschätzbaren Rechnungsweise, Größen, die zufällige Fehler involviren, auf eine willkürfreie, consequente Art zu combiniren.

Auch der Beginn der arithmetischen Untersuchungen, welche den Inhalt seines unsterblichen Werkes »Disquisitiones arithmeticae« bilden und durch dessen Veröffentlichung im Jahre 1801 er mit einem Schlage den Rang neben den größten Mathematikern aller Zeiten einnahm, fällt schon vor den Anfang seiner Studien in Göttingen, wie aus handschriftlichen Notizen über die Zeit der Entdeckung einzelner Sätze hervorgeht, die Gauß seinem Handexemplare dieses Buches hinzugefügt hat. Diese Notizen lehren, daß die Entdeckung der geometrischen Construction des 17-Eck, deren Zeitpunkt oben erwähnt wurde, offenbar Veranlassung geworden ist, die liegen gebliebenen zahlentheoretischen Untersuchungen wieder aufzunehmen. Diese Untersuchungen scheinen Gauß in Göttingen hauptsächlich beschäftigt zu haben; denn als er im Jahre 1798, nach absolvirtem Triennium, nach Braunschweig zurückkehrte, legte er sogleich Hand an die Herausgabe derselben, der sich aber zunächst noch allerlei Schwierigkeiten entgegen stellten, welche später jedoch alle vom Herzog Carl Wilhelm Ferdinand, dem die Nachwelt für seine hochherzige Förderung des großen Mannes stets dankbar verpflichtet sein wird, aus dem Wege geräumt wurden.

Bald nach der Rückkehr in seine Vaterstadt traf Gauß die nöthigen Schritte, um behufs Herausgabe seines genannten Werkes die Bibliothek in Helmstedt, damals noch Universitätsstadt, benutzen zu können, und siedelte im darauf folgenden Jahre für eine Weile ganz dorthin über. J. F. Pfaff, ein namhafter Gelehrter, war damals Professor der Mathematik in Helmstedt, und in seinem Hause bezog Gauß ein Zimmer, arbeitete aber so angestrengt und ununterbrochen, daß er meistens nur gegen Abend seinen Hausgenossen zu sehen bekam. Auf gemeinsamen Spaziergängen in die Umgegend tauschten sie dann ihre Gedanken über mathematische Gegenstände aus. Weit entfernt, als wäre ihr gegenseitiges Verhältniß das von Lehrer und Schüler gewesen, wie man es wohl dargestellt findet, hat Gauß später selbst geäußert, er glaube bei diesen Unterhaltungen mehr gegeben als empfangen zu haben.

Im Jahre 1799 wurde Gauß auf seine Inauguraldissertation: »*Demonstratio nova theorematis omnem functionem algebraicam rationalem integram unius variabilis in factores reales primi vel secundi gradus resolvi posse*« in absentia von der philosophischen Facultät zu Helmstedt zum Doctor promovirt. Dieser erste strenge Beweis (alle bis dahin von den Geometern gegebenen waren ungenügend) des wichtigsten Lehrsatzes in der Theorie der algebraischen Gleichungen wurde von Gauß schon im October 1797 entdeckt. Wie sehr dieser Fundamentalsatz Gauß am Herzen gelegen, ersieht man daraus, daß er später zu drei verschiedenen Malen auf diesen Gegenstand zurückgekommen ist, indem er in den Jahren 1815 und 1816 zwei neue Beweise dafür, jeden aus ganz verschiedenen Principien, ableitete und bei Gelegenheit der Feier seiner 50jährigen Doctorwürde seinen ersten Beweis vom Jahre 1799 in veränderter Gestalt und mit erheblichen Zusätzen versehen zum Gegenstande einer Denkschrift machte.

In demselben Jahre finden wir Gauß auch schon in Correspondenz mit dem in jener Zeit weit berühmten Freiherrn v. Zach, dem Director der Seeberger Sternwarte. Die ersten Mittheilungen an denselben sind leider von Zach in den damals von ihm herausgegebenen geographischen Ephemeriden nicht mitgetheilt; sie betrafen eine Anwendung der Methode der kleinsten Quadrate auf einen in jener Zeitschrift abgedruckten Auszug aus Ulugh Begh's Zeitgleichungstafel, die zu manchen ganz curiosen Resultaten geführt hatte. Aus einer spätern, 1799 abgedruckten Mittheilung geht hervor, daß Gauß seine Principien für Ableitung des wahrscheinlichsten Resultats aus Beobachtungen, zur Bestimmung der Figur der Erde aus der damals von den Franzosen unternommenen Gradmessung angewandt hatte.

Im folgenden Jahre theilte er Zach für dessen neugegründetes Journal: »Monatliche Correspondenz zur Beförderung der Erd- und Himmelskunde« einen interessanten Aufsatz über die Berechnung des Osterfestes mit, worin die cyklische Festrechnung auf rein analytische Vorschriften zurückgeführt wird, die auf den einfachsten Rechnungsoperationen beruhen, so daß man, unabhängig von allen Hülfstafeln, die oft nicht zur Hand sind, und ohne Kenntniß der Bedeutung der sonst dabei gebräuchlichen Kunstwörter, wie

»goldene Zahl, Epacte, Ostergrenze, Sonnenzirkel und Sonntagsbuchstabe«, sofort das Datum findet, auf welches Ostern fällt. Da dieser Aufsatz sich zunächst nur auf die Festrechnung im Julianischen und Gregorianischen Kalender bezog, so vervollständigte Gauß zwei Jahre später seine Vorschriften, indem er die Regeln auch für den jüdischen Kalender mittheilte.

Im Jahre 1801 erschienen die »Disquisitiones arithmeticae« mit einer Widmung an den Herzog Carl Wilhelm Ferdinand, in welcher Gauß dankbar darlegt, wie nur die große Güte und Huld des weisen und tiefblickenden Fürsten ihm die Möglichkeit gewährt habe, sich ganz der Mathematik zu weihen.

Es ist schon früher gebührend hervorgehoben, welche staunenswerthe Leistung dieses erste größere Werk von Gauß war, und wie es allein genügen würde, seinen Nachruhm für alle Zeiten zu sichern. Die Tiefe der mathematischen Entdeckungen von Gauß fand ihre richtige Würdigung nur in einem kleinen Kreise von Denkern, der sich jedoch, Dank sei es dem von ihm gegebenen Anstoße, von Jahr zu Jahr vergrößert hat. Dem größern Publicum sollte er bald durch andere und nicht minder bemerkenswerthe Leistungen bekannt werden.

Am 1. Januar 1801 entdeckte Piazzi in Palermo einen Stern achter Größe, der seinen Ort unter den Gestirnen beträchtlich veränderte und von ihm für einen neuen Kometen gehalten wurde. Piazzi gab von seiner Entdeckung erst spät und unvollständig Kunde, und der damalige langsame Postenlauf, noch dazu gestört durch die kriegerischen Zeiten, bewirkte, daß die Nachricht von der Entdeckung erst in die Hände der übrigen Astronomen kam, als schon die Gegend am Himmel, in welcher sich der bewegliche Stern aufhielt, so nahe zur Sonne gerückt war, daß ein Aufsuchen desselben unmöglich wurde. Glücklicherweise war jedoch Piazzi im Besitz eines der vortrefflichsten Meßinstrumente der damaligen Zeit und hatte das Gestirn damit so lange verfolgt, bis Mitte Februar etwa, als es sich im Meridian beobachten ließ, unbegreiflicherweise aber versäumt, dasselbe außer dem Meridiane aufzusuchen, was noch mehrere Monate lang möglich gewesen wäre. Als die Piazzi'schen Beobachtungen bekannt wurden, zeigte es sich bald, daß eine Parabel in keiner Weise ihnen genügte, sondern daß das Gestirn in einer Bahn sich bewegt hatte, deren Gestalt von der Kreisform nicht sehr abweichend war. Die von verschiedenen Astronomen ausgeführte Berechnung einer Kreisbahn zeigte, daß von Piazzi ein Planet entdeckt sei, der seine Bahn zwischen Mars und Jupiter durchläuft. Aber eine Kreisbahn ließ in den Piazzi'schen Beobachtungen sehr merkliche Fehler übrig, so daß man hieraus sofort den Schluß hätte ziehen müssen, es sei erforderlich, aus den vorhandenen Beobachtungen die elliptische Bahn des Planeten zu berechnen. Man begnügte sich aber, die Piazzi'schen Beobachtungen als ungenau anzusehen, und schickte sich an, den Planeten bei seinem Wiedererscheinen am Morgenhimmel mittelst einer auf die Kreiselemente gegründeten Vorausberechnung aufzusuchen.

Wie sich später herausstellte, gaben diese Elemente den Ort des Planeten am Himmel so fehlerhaft an, daß wenigstens der Wiederentdecker desselben, Olbers, versichert, er würde den Planeten schwerlich gefunden haben, da er seine Nachforschungen bei alleiniger Zugrundelegung der Kreiselemente keinenfalls so weit ausgedehnt hätte, um die Gegend mit einzuschließen, in welcher sich der Planet wirklich aufhielt. Hierbei muß man wohl im Auge behalten, wie schwierig das Herausfinden eines so kleinen Planeten aus der großen Menge anderer Sterne, von denen er sich durch sein Aussehen nicht im geringsten unterscheidet, für die damalige Zeit war, die noch nicht die genauen Himmelskarten der Neuzeit besaß.

Auch Gauß hatte Kunde von dem merkwürdigen Wandelsterne erhalten.

Er war im Besitz von erheblichen Zusätzen zu den damals bekannten Theorien der Bewegung der Himmelskörper um die Sonne nach den Kepler'schen Gesetzen und wandte seine Theoreme auf die Erforschung der wahren Bahn des Piazzi'schen Gestirnes an. Mit der uns schon bekannten Arbeitskraft berechnete er verschiedene Bahnen für den neuen Planeten und ruhte nicht eher, bis er eine Ellipse gefunden hatte, welche die Beobachtungen von Piazzi, die sich im Gegensatz mit der gewöhnlichen Annahme als vorzüglich genau erwiesen, so gut wie möglich darstellte.

Diese Ellipse gab zur Zeit, als Olbers das Piazzi'sche Gestirn wieder auffand, den Ort desselben am Himmel eilf Grad verschieden von den Kreiselementen.

Es würde zu weit führen, wenn hier näher auseinandergesetzt würde, welche Anerkennung von Seiten der Fachmänner Gauß in Folge dieser vorzüglichen Leistungen zu Theil wurde. Sowie er vor Jahresfrist durch Herausgabe der »*Disquisitiones arithmeticae*« einen Platz unter den größten Mathematikern sich erobert hatte, so stellte er jetzt sich ebenbürtig neben die bedeutendsten Astronomen aller Zeiten; denn nicht allein das numerische Rechnen oder die theoretischen Entwicklungen, welche er diesen Rechnungen zu Grunde legte, sondern vorzüglich die eminente Urtheilskraft, in wie weit aus den Piazzi'schen Beobachtungen zuverlässige Resultate gezogen werden könnten, erregt das Staunen jedes Sachkenners. Fast um dieselbe Zeit, als die Ceres wieder entdeckt wurde, erklärte noch der hochverdiente französische Astronom Lalande, »daß er an keinen Planeten glaube«! —

Der klar hervortretende feine praktisch-astronomische Tact muß um so mehr unsere volle Bewunderung erregen, als sich keine Andeutung findet, daß Gauß vor dem Jahre 1802 sich beobachtend mit der Astronomie beschäftigt hat, deren praktische Seite ihm gleichfalls so Vieles verdankt. Als die Ceres wieder gefunden war und bald darauf die Pallas von Olbers entdeckt wurde, deren Bahn er wie früher die der Ceres allmälig immer schärfer und schärfer berechnete, finden wir nicht, daß Gauß Ortsbestimmungen derselben gemacht hätte. Ceres und Pallas hat er im Sommer 1802 mit 300facher Vergrößerung betrachtet, ohne irgend einen Unterschied ihres Aussehens von Fixsternen bemerken zu können. Diese Beobachtung ist wahrscheinlich in Bremen mit den Instrumenten des vortrefflichen Olbers gemacht, bei dem Gauß im Juni 1802 von Braunschweig aus zum Besuch war und dessen Beispiel ihm zeigte, mit wie kleinen Hülfsmitteln das Talent Großes leistet. So finden wir denn auch bald darauf Gauß in der praktischen Astronomie thätig. Am 8. November 1802 beobachtete er den Vorübergang des Mercur vor der Sonne mit einem zweifüßigen Achromaten von Baumann. Nach der Entdeckung der Juno im Jahre 1804 betheiligte er sich eifrig an den Ortsbestimmungen des Planeten, wozu er anfangs einen schlechten und besonders schlecht montirten Achromaten benutzte, bald aber ein sehr gutes Spiegelteleskop von Short anwenden konnte.

In Folge des gewaltigen Respectes vor dem genialen Dr. Gauß in Braunschweig überließen die Astronomen ihm die Bestimmung und Ausfeilung der Bahnen der kleinen Planeten so gut wie völlig, und die folgenden Jahre erfüllen in großem Maaße die Berechnungen der Elemente und deren Vergleichung mit den Beobachtungen für die vier in den ersten Jahren dieses Jahrhunderts entdeckten Planeten; die Ableitung ihrer Störungen, die eingehendste Durcharbeitung aller sich auf die Bahnbestimmung von Himmelskörpern beziehenden Methoden, sowie die Umformung seiner ursprünglichen Ideen, in das bewunderungswürdige Kunstwerk, welches später als »Theoria motus corporum coelestium« veröffentlicht ist. Daneben erfaßte er enthusiastisch die praktische Sternkunde, behindert allerdings durch den Mangel geeigneter Instrumente.

Schon 1802 machte die russische Regierung den Versuch, Gauß als Astronom und Director der Sternwarte an die Akademie in St. Petersburg zu ziehen. Hierdurch wurde der umsichtige Olbers veranlaßt, das Göttinger Universitätscuratorium darauf aufmerksam zu machen, wie wichtig es für den Ruhm der Georgia Augusta sein würde, einen Mann zu besitzen, den schon damals ganz Europa bewunderte. Gauß habe für eine mathematische Lehrstelle eine entschiedene Abneigung: sein Lieblingswunsch sei, Astronom bei irgend einer Sternwarte zu werden, um seine ganze Zeit zwischen Beobachtungen und seinen tiefsinnigen Untersuchungen zur Erweiterung der Wissenschaft theilen zu können. Da die hannoversche Regierung im Anfange des Jahrhunderts beabsichtigte, für die Universität Göttingen eine neue Sternwarte zu errichten, so hätte man erwarten sollen, daß in Folge dieser dringenden Empfehlung eines so allgemein hochgeschätzten und völlig unparteiischen Mannes wie Olbers die Berufung von Gauß nach Göttingen erfolgt sei. Aber, obgleich die Verhandlungen mit Petersburg sich zerschlugen, so wurde doch Gauß zunächst nicht nach Göttingen berufen, sondern im Jahre 1805 Harding und erst im Jahre 1807 Gauß. Die Gründe hierfür sind bislang nicht durchsichtig; denn daß die nahen Beziehungen von Gauß zum Herzog von Braunschweig allein eine Berufung verhindert hätten, die dem wohlwollenden Fürsten, als im Interesse von seinem Schützlinge liegend, nur lieb sein konnte, ist wohl kaum anzunehmen, wie man daraus gefolgert hat, daß der Ruf nach Göttingen erfolgte, als der Herzog gestorben war.

Inzwischen hatte Gauß sich am 9. October 1805 mit Johanne Osthof aus Braunschweig vermählt, mit welcher er vier Jahre in glücklichster Ehe verlebte und durch sie mit drei Kindern beschenkt wurde, deren erstes, ein Sohn, noch in Braunschweig geboren wurde, das zweite, eine Tochter (später die Gattin des berühmten Ewald), schon in Göttingen bald nach seiner Uebersiedelung.

Gauß trat seine Professur an der Georgia Augusta, der er auf die Dauer eines halben Jahrhunderts als weitleuchtende Zierde angehören sollte — trotz vieler späterer Versuche, ihn für andere und glänzendere Lebensstellungen in Berlin, Wien, Paris und Petersburg zu gewinnen —, in einer Zeit an, wo die Hand des fremden Eroberers schwer auf Deutschland lastete. Bevor er noch den geringsten Gehalt als Director der Sternwarte bezogen hatte, wurde von dem Frankenkaiser eine ungeheure Contribution ausgeschrieben, von welcher Gauß einen Betrag von 2000 Francs zu entrichten hatte. Obgleich dieser die drückende Abgabe kaum erschwingen konnte, so schickte er doch seinem Freunde Olbers, der ihm die Summe übersandte mit einem bedauernden Briefe, daß Gelehrte solchen schmäligen Brandschatzungen unterworfen seien, dieselbe sofort zurück. Ebenso wenig nahm er die Vermittelung von Laplace an, der ihm anzeigte, die Contribution sei in Paris schon eingezahlt. Die hier hervortretende edle Uneigennützigkeit der Gesinnung sollte jedoch sofort ihren Lohn finden. Von Frankfurt wurden ihm anonym 1000 Gulden als Geschenk zugeschickt, und erst eine spätere Zeit hat offenbart, daß der Fürst Primas der edle Geber war.

Der begonnene Bau der neuen Sternwarte ruhte selbstverständlich in so schwerer Zeit und Gauß sah sich auf die Benutzung der veralteten Instrumente aus dem ehemaligen Festungsthurme, wo die Sternwarte zu Tobias Mayer's Zeiten eingerichtet war, beschränkt. Seine erste Göttinger Schrift behandelt in genialer Weise ein Problem mit einem fehlerhaften Höhenmesser, die Fehler desselben, die Polhöhe des Beobachtungsortes und die Zeit zu bestimmen, offenbar in engem Anschlusse an die damaligen instrumentalen Verhältnisse der Sternwarte.

Im Jahre 1809 erschien die von den Astronomen so sehnlich erwartete Theoria motus, worin Gauß, unter Zugrundelegung der Kepler'schen Gesetze, seine Methoden lehrte, ohne Voraussetzung über die Beschaffenheit der Bahn, unbekannte Bahnen aus nahe liegenden Beobachtungen zu bestimmen. Erst 40 Jahre später sind diese Methoden Gemeingut geworden, als die sich häufenden Entdeckungen von kleinen Planeten die Astronomen zwangen, sich ihrer zu bemächtigen. Bis dahin waren es nur Wenige, die tiefer eindrangen in den köstlichen Schatz geometrischer Wahrheiten, die darin enthalten sind. Für dieses auf alle Zeiten fundamentale Werk erhielt Gauß im Jahre 1810 den Lalande'schen Preis des Pariser Instituts, sowie eine Denkmünze von der Royal Society in London und andere Auszeichnungen.

Die westphälische Regierung, welche sich nachgerade hinlänglich consolidirt zu haben glaubte, setzte im Jahre 1810 eine Summe von 200000 Franken zur Vollendung des Baues der Sternwarte aus, wodurch Gauß in der trüben Zeit nach dem Verluste seiner Frau Zerstreuung zu Theil wurde, da er als Astronom die vom Klosterbaumeister Müller entworfenen Pläne durchzuarbeiten hatte. Die Vereinsamung von Gauß sollte jedoch nicht lange währen; am 4. August 1810 verheirathete er sich mit der zweiten Tochter des Hofrath Waldeck, einer genauen Freundin seiner verstorbenen Frau, von der er überzeugt war, daß sie ihm und seinen Kindern die verewigte Gattin und Mutter vollkommen ersetzen würde, und so erstand die zerstörte Häuslichkeit wieder in glücklicher Gestaltung.

In diese Zeit fallen die großartigsten Erfolge seiner directen Lehrthätigkeit. Schon im Jahre 1808 war Schumacher, in gereifteren Jahren nach schon vollendeten juristischen Studien, nach Göttingen gekommen, um dort sich in der Mathematik und Astronomie auszubilden; 1810 kamen Gerling, Nicolai, Möbius, Encke, welche alle als namhafte Gelehrte in verdientem Ansehen stehen. Die Lehrthätigkeit war jedoch, wie schon aus dem oben angeführten Bruchstücke eines Briefes von Olbers hervorgeht, von jeher eine Last für Gauß; er widmete sich ihr in den ersten Jahrzehnten seines Göttinger Aufenthaltes in der Form, wie sie an deutschen Universitäten gebräuchlich ist, mehr, als später; allerdings immer ungern und mit der oft wiederholten Klage, daß ihm dadurch sehr viel Zeit geraubt würde, da die Vorbereitungen ihm so lästig und äußerst zeitraubend seien. Wenn man bedenkt, was Männer wie Encke, Gerling, Möbius, Nicolai und Andere aus Gauß'schen Vorlesungen mit ins Leben hinübergenommen haben (denn man ist versucht, ihre Hauptleistungen, dem Keime nach, auf Göttinger Anregungen zurückzuführen), so begreift sich das wohl. In seinen späteren Jahren war Gauß nur schwer dazu zu bewegen, ein Colleg zu lesen; jedoch war er, unter Beobachtung aller Formen, stets dem strebenden Studirenden zugänglich. Der Schreiber dieser Zeilen gedenkt nicht selten mit dankbarer Erinnerung mancher halben Stunde aus den Jahren 1853 und 1854, die der große Mann in anregender und wesentlich fördernder Belehrung dem Anfänger widmete, welchem er gestattet hatte, mit Fragen bei dem Selbststudium der Theoria motus ihn zu behelligen, ein Thema, auf das glücklicherweise diese Erlaubniß nicht beschränkt blieb. —

Gauß hatte nunmehr die stille sorgenfreie Muße gefunden, nach welcher er sich so lange gesehnt. Als etwas wahrhaft Beneidenswerthes hat er im hohen Alter, nach des großen Astronomen Bessel's Tode, mit dem ihn eine mehr als vierzigjährige Freundschaft verband, hervorgehoben, daß dieser in seinen jungen Jahren Gelegenheit gefunden habe, großartige Verhältnisse der wirklichen Welt genau kennen zu lernen und dadurch die innere Ueberzeugung mit sich getragen, durch diese Kenntnisse sich jeden Augenblick eine solche Stellung in der bürgerlichen Gesellschaft schaffen zu können, in der er sich selbst erhielte. Er selbst habe, bis zu einem vorgerückten Alter, nichts in sich selbst besessen, was, wie die Welt sei, einen sichern Schutz auch nur gegen den Hungertod hätte geben können, als das Schulmeistern, was ihm stets zuwider gewesen sei.

Die jährlichen Bearbeitungen der Vorausberechnung der kleinen Planeten und die Verbesserung ihrer Bahnen übertrug Gauß von jetzt ab stets dem einen oder dem andern seiner talentvolleren Schüler. Er selbst beschäftigte sich in dieser Richtung hauptsächlich damit, für die Berechnung der Störungen dieser Himmelskörper Methoden aufzustellen, sowie für die Ermittelung der wahrscheinlichsten Elemente ihrer Bahnen, worüber er im Jahre 1811 und 1818 der Societät der Wissenschaften in Göttingen classische Denkschriften vorlegte.

Um dieselbe Zeit beschäftigte sich Gauß mit dioptrischen Studien, nicht allein theoretisch, sondern mit directer Beziehung zur Praxis, wie er denn, in ihm eigenthümlicher Form, an Repsold im Jahre 1810 die Krümmungsradien für ein Fernrohrobjectiv von 8 Fuß Brennweite und 5 Zoll Oeffnung mittheilte. Diese Studien nahm er im Jahre 1817 wieder auf und zeigte damals die theoretische Möglichkeit eines wesentlichen Fortschrittes in der Construction der Fernröhre, die aber unbeachtet blieb, bis Steinheil nach fast einem halben Jahrhundert die Formeln von Gauß praktisch anwandte und ganz vorzügliche Resultate erzielte. Im Jahre 1843 legte er der Göttinger Societät seine »dioptrischen Studien« vor, wodurch er einem Felde, das durch die Arbeiten von Männern wie Cotes, Euler, Lagrange und Möbius fast erschöpft erscheinen konnte, eine neue Ernte abgewann.

Im Jahre 1814 wurde die neue Sternwarte bis auf den innern Ausbau fertig; jedoch wurden die dazu gehörigen Wohngebäude für die Astronomen erst im Jahre 1815 begonnen. Von den Instrumenten der alten Sternwarte erhielt der durch Tobias Mayer's Arbeiten so berühmt gewordene Mauerquadrant einen Platz auf dem neuen Observatorium, sowie auch das 10-füßige Herschel'sche Teleskop noch auf lange Jahre hinaus für Beobachtungen außer dem Meridiane benutzt wurde. Die übrigen, von Lilienthal nach Göttingen gekommenen Instrumente wurden kaum benutzt, höchstens, um Besuchern den gestirnten Himmel damit zu zeigen. An Stelle des einen von zwei im ursprünglichen Plane projectirten Passageninstrumenten wurde, auf Betreiben von Schumacher ein Meridiankreis von Repsold angekauft, der jedoch erst im Jahre 1818 geliefert wurde; denn Repsold wollte ihn, bevor er in solche Hände kam, mit einer neuen Theilung versehen.

Im Frühjahr 1816 begab sich Gauß im Auftrage der Regierung nach München, wo damals die großen Künstler Reichenbach und Fraunhofer erfolgreich mit den englischen Mechanikern und Optikern zu rivalisiren begonnen hatten, um dort mit ihnen die Construction zweier großer Meridianinstrumente zu vereinbaren, sowie verschiedene kleinere Instrumente zu bestellen. Bei dieser Gelegenheit besuchte Gauß mit Reichenbach zusammen die schönen Gegenden des Salzkammergutes. Schon im Sommer 1814 hatte übrigens die Göttinger Sternwarte eine herrliche Acquisition in einem Reichenbach-Fraunhofer'schen Heliometer gemacht, zu dem freilich das Stativ erst später nachkam, ein Instrument, welches 60 Jahre später, am 8. December 1874, zur Beobachtung des Vorüberganges der Venus vor der Sonnenscheibe auf der Aucklandinsel gedient hat. Im Herbste 1816 konnte endlich die Directorwohnung der Sternwarte bezogen werden und im Frühjahre 1817 traf eins der bestellten kleineren Instrumente aus München ein, mit dem Gauß sofort, obgleich der Ausbau der Sternwarte noch keineswegs vollendet war, die Beobachtungen begann. Bei der Bestellung dieses Instrumentes hatte Gauß wahrscheinlich schon die Fortsetzung der von Schumacher geplanten dänischen Gradmessung von Skagen bis Lauenburg durch das Hannöversche im Auge gehabt.

Als Schumacher im Jahre 1817 seine Messungen, aufs Großartigste unterstützt vom Könige von Dänemark, begonnen hatte, benutzte Gauß die Durchreise des Ministers von Arnswald im August 1817 durch Göttingen, um demselben die Zweckmäßigkeit der Fortsetzung dieser Arbeiten durch das Hannöver'sche darzulegen und reichte dann im Herbste desselben Jahres eine ausführliche Denkschrift ein, in welcher er schriftlich seine mündlichen Auseinandersetzungen wiederholte. Es erfolgte aber darauf lange kein Bescheid, »da die Kunst des Sollicitirens diejenige sei, wozu er — freilich zu seinem großen Nachtheil — am wenigsten Talent habe noch passe«. Nachdem Schumacher — dem obige Kunst geläufiger war — sich ins Mittel gelegt, so wurde zunächst von der Regierung Gauß der Auftrag ertheilt, im Herbst 1818 die zur Verbindung der hannöverschen Triangulirung mit der dänischen nothwendigen Winkelmessungen in Lüneburg vorzunehmen. Das war der Anfang der langwierigen Triangulirungsgeschäfte, mit denen Gauß bis über das Jahr 1848 hinaus viel, ja viel zu viel zu thun hatte. Mag man auch den Gewinn der Verlängerung des dänischen Bogens um zwei Meridiangrade nach Süden sehr hoch stellen, so war das eine Arbeit, die auch Kräfte secundären Ranges sehr gut hätten ausführen können. Man muß nur in dem Briefwechsel zwischen Gauß und Schumacher lesen, wie sehr Ersterer viele Jahre Sommer für Sommer durch Winkelmessungen absorbirt war, um es lebhaft zu beklagen, daß ein solcher Geist durch derartige Arbeiten, die von Vielen zu machen waren, gestört wurde, sich in Muße mit Dingen zu beschäftigen, die nur Er uns lehren konnte. Dazu kommt noch, daß Gauß fast alle die erforderlichen ungeheuern Rechnungen selbst gemacht hat, vielleicht in ein Viertel oder ein Zehntel der Zeit, die andere gebraucht hätten. Aber seine Zeit war auch kostbarer als die Zeit von vier oder zehn Rechnern, die schließlich genau dasselbe Resultat erlangt haben würden. Allerdings hat auch die Wissenschaft, in Anlaß dieser Gradmessungsarbeiten, Viel gewonnen. Dahin gehören die feinsinnigen Untersuchungen über die allgemeine Abbildung einer gegebenen Fläche, auf einer andern so, daß die Abbildung dem abgebildeten in den kleinsten Theilen ähnlich wird. Es sind ferner auf die Gradmessungsarbeiten zurückzuführen die Disquisitiones circa superficies curvas (1827) und die beiden Abhandlungen über höhere Geodäsie (1843 und 1846).

Ein großer Uebelstand bei den Gradmessungsarbeiten war es bislang gewesen, daß man die Endpunkte der großen Dreiecke, in denen man die Winkel zu messen hatte, mit den gewöhnlich angewandten Mitteln entweder gar nicht oder nicht mit genügender Sicherheit hatte sehen können. Man hatte daher zu dem Auskunftsmittel gegriffen, hell brennende mit Reverberen versehene Lampen auf den Dreieckspunkten aufzustellen und die Messungen bei Nacht auszuführen. Abgesehen von der großen Unbequemlichkeit und Mühseligkeit wurde dadurch die Arbeit des Geodäten zu einer gefahrvollen, da nicht selten die Signale auf hohen einsam gelegenen Bergen errichtet sind, die dem Beobachter keinerlei Schutz darbieten. Um so willkommener war eine Erfindung von Gauß, welche es ermöglichte, alle, selbst die größten Dreiecke bei Tage zu messen: das Heliotrop. Diese in ihrer Einfachheit so sinnreiche Erfindung gestattet das Sonnenlicht, welches ein kleiner über dem Dreieckspunkte aufgestellter Spiegel zurückwirft, genau auf den andern Dreieckspunkt zu senden, so daß der dort befindliche Beobachter in der gewünschten Richtung scheinbar einen künstlichen, hellglänzenden Stern erblickt, der sich scharf mit dem Winkelinstrumente einstellen läßt. Von dieser seiner Lieblingserfindung hat Gauß öfter sehr bestimmt hervorgehoben, daß er zu derselben nicht durch einen reinen Zufall, sondern durch reifes Nachdenken gelangt sei. Es sei wahr, daß er auf dem Michaelis-Thurm in Lüneburg eine Fensterscheibe eines Hamburger Thurmes habe blitzen sehen, ein Zufall, welcher die praktische

Ausführbarkeit seines Vorhabens noch bekräftigt habe, aber schon längst vorher sei die ganze Erfindung im Geiste fertig gewesen.

Gauß hielt es für möglich, mit Hülfe von Heliotropen eine telegraphische Correspondenz zwischen Mond und Erde zu errichten und hatte in Bezug auf diese Frage sogar die Größe der erforderlichen Spiegel berechnet, woraus sich ergab, daß eine solche Correspondenz eventuel ohne große Kosten sich würde einrichten lassen. Das wäre eine Entdeckung, pflegte er zu sagen, noch größer als die von Amerika, wenn wir uns mit unseren Mondnachbarn in Verbindung setzen könnten — hielt es jedoch nicht eben für wahrscheinlich, daß der Mond eine mit höherer Intelligenz ausgestattete Bevölkerung besitze. Sonst hielt er geistiges Leben auf der Sonne und auf den Planeten für sehr wahrscheinlich, wobei er hervorzuheben pflegte, wie die an der Oberfläche der verschiedenen Himmelskörper wirkende und in ihrer Wirkung zu berechnende Schwerkraft für diese Frage vom größten Einfluß sei, woraus er z. B. folgerte, daß auf der Sonne nur sehr kleine Wesen, verglichen mit uns, existiren können, bei einer dort mehr als 28fach größeren Schwerkraft, als auf der Erde.

Um die Zeit, als die Gradmessungsarbeiten ernstlich an Gauß herantraten, trafen im Jahre 1819 die Schönen Meridianinstrumente von München ein, deren Aufstellung auf der Sternwarte und deren eingehender Untersuchung sich Gauß zunächst widmete. Obgleich dieselben auch, wenigstens in den ersten Jahren, zu häufigen Beobachtungen gedient haben, so ist doch wenig von ihren Leistungen in der astronomischen Welt bekannt geworden. Es scheint auch, als wenn es Gauß nicht für angemessen hielt, mit den damals staunenswerthen Leistungen von Bessel in Concurrenz zu treten; auch dürfte vielleicht die schon oben aus einem Briefe von Olbers angezogene Aeußerung, daß Gauß die praktische Astronomie enthusiastisch liebte, in sofern doch zu modificiren sein, als Gauß nicht der unwiderstehliche Drang inne wohnte, sich mit den Gestirnen zu beschäftigen, wie man ihn bei dem wahren beobachtenden Astronomen findet. Es soll damit nicht der leiseste Tadel gegen den Mann ausgesprochen werden, dessen praktische Leistungen im Gebiete der Astronomie ebenfalls weit hervorragen über die Leistungen des Durchschnittsastronomen der Praxis, sondern es soll nur die Thatsache constatirt werden, daß das Göttinger Institut als Sternwarte nicht das geleistet hat, was man von einem mit so prachtvollen Instrumenten ausgestatteten Institute erwarten mußte. Ein helles Licht auf die hier obwaltenden Verhältnisse wirft eine Aeußerung von Gauß über die Erklärung eines optischen Phänomens, das auftritt, wenn man die in einem Quecksilberhorizonte reflectirten Bilder von Sternen beobachtet. »Die Auffindung dieser Erklärung stellte er höher, als einen ganzen Jahrgang von Beobachtungen, deren Nutzen er jedoch keineswegs verkenne.« In der That kann man bedauern, daß durch die praktische Thätigkeit von Gauß, gar häufig die Muße gestört ist, deren er nach seinen wiederholten Aeußerungen für seine schöpferische Thätigkeit auf speculativem Gebiete stets in vollem Maaße bedurfte.

Wie sehr man in den damaligen Regierungskreisen vor 40 Jahren verkannte, was man an Gauß in Göttingen besaß, geht daraus hervor, daß ihn das Ministerium des Innern mit Aufträgen von abschreckender Weitläufigkeit behelligte, die sich auf die Revision des gesammten Aichungswesens des Königreiches bezogen. Es ist zu bedauern, daß Gauß diese Aufträge nicht einfach als seiner unwürdig ablehnte; seine der Welt unschätzbare Zeit ist in Folge dessen zum Theil durch Arbeiten absorbirt, deren Bedeutung schon jetzt, selbst für das praktische Leben, ganz geschwunden sind, wenngleich die Geistesfunken, welche von ihm im Contact mit den früher bei solchen Gelegenheiten befolgten Methoden sprühten, noch lange dieses Gebiet mit ihrem Lichte erhellen werden.

Es ist nicht Zweck dieser kurzen Schrift, alle die großen Gedanken zu verfolgen, welche Gauß während seiner fast 50jährigen Thätigkeit in vielen der Societät der Wissenschaften überreichten Denkschriften niedergelegt hat, oder auch nur die Titel dieser Denkschriften aufzuzählen; noch weniger kann dem verborgenen Aufblitzen seines Genius nachgegangen werden, wozu unter andern der Briefwechsel, den er mit Schumacher geführt, so vielen Anlaß darbietet. Es sei nur gestattet, noch ein großes Arbeitsfeld zu erwähnen, auf welchem das Eingreifen von Gauß von fundamentaler Bedeutung geworden ist.

Schon im Sommer 1831 hatte Gauß angefangen sich in ein ihm bis dahin ganz fremdes wissenschaftliches Gebiet, die Krystalllehre, hineinzuarbeiten. Es machte ihm Mühe, sich in der Sache zu orientiren, da die Bücher, welche er dabei zum Führer genommen, dieselbe mehr verwirrten als aufhellten. Gauß ersann eine neue Methode zur Krystallbezeichnung, im Wesentlichen dieselbe, welche später von Miller in Cambridge bekannt gemacht ist und construirte eine Vorrichtung, mit deren Hülfe am 12zölligen Reichenbach'schen Theodoliten die Winkel der Krystalle so genau, wie möglich, gemessen werden konnten. Von allen diesen Untersuchungen: Beobachtungen, Rechnungen und Zeichnungen, ist nie das Geringste zur öffentlichen Kenntniß gelangt; denn schon im Herbste desselben Jahres trat bei Gauß, in Folge der Berufung des damals noch jugendlichen, später so berühmten Physikers Weber an die Göttinger Universität, die Bearbeitung rein physikalischer Fragen in den Vordergrund. Es entwickelte sich bald zwischen dem mehr als 50jährigen hochberühmten Mathematiker und dem noch nicht dreißigjährigen Physiker eine innige, nie getrübte Freundschaft, der die Wissenschaft denkwürdige Arbeiten verdankt.

»Der Stahl schlägt an den Stein,« so bezeichnete Gauß später ihr persönliches Zusammenwirken in der Mitte der dreißiger Jahre, das zum unendlichen Schaden für die Menschheit im Jahre 1837 zerrissen wurde, weil der König von Hannover Männer von Ueberzeugungstreue, die auch wagten dieselbe zu äußern, nicht als Professoren in Göttingen dulden wollte. Weber war einer von den Göttinger Sieben, die in Folge des Verfassungsbruchs des Königs und ihres dagegen erlassenen Protestes aus Hannover verbannt wurden. Mit ihm verließen Albrecht, Dahlmann, Ewald, Gervinus und die beiden Grimm die Georgia Augusta.

Das Gebiet der Elektricität und des Magnetismus wurde zunächst nach allen Richtungen durchforscht. Gauß gab in Folge hiervon die erste richtige Theorie des Erdmagnetismus, wodurch er in den Stand gesetzt wurde, durch eine mathematische Formel das gesammte vorhandene Beobachtungsmaterial darzustellen, also die Declination und Inclination der Magnetnadel, sowie die Intensität an jedem Punkte der Erde anzugeben. Die Wichtigkeit, durch Beobachtungen zu jeder Zeit diese Constanten zu bestimmen, führte Gauß auf die Erfindung von ganz neuen Beobachtungsmethoden und Instrumenten, mit denen man diese Größen und ihre Aenderungen in kurzer Zeit mit einer nie geahnten Schärfe bestimmen konnte. Die galvanischen Versuche führten endlich zur Entdeckung des elektromagnetischen Telegraphen, der zum ersten Male in großen Dimensionen im Winter 1833 bis 1834 in Göttingen praktisch ausgeführt wurde, indem von der Sternwarte zum Johannisthurme und von da zum physikalischen Cabinette eine Drahtleitung von mehreren Tausend Metern Länge gezogen wurde. Diese Drahtleitung diente zu den interessantesten Versuchen; so wurden sehr bald Worte und ganze Sätze hin und her telegraphirt und auch die später so wichtig gewordene Anwendung für telegraphische Längenbestimmungen wurde implicite gemacht, da die Pendeluhr des physikalischen Cabinets durch galvanische Signale von der Sternwarte aus gestellt wurde, es also nur einer unabhängigen Zeitbestimmung dort bedurft hätte, um die astronomische Längendifferenz zu ermitteln.

In einem Briefe an Schumacher bedauert Gauß die engen Verhältnisse, in denen er lebt, da sich an seine theoretischen Eroberungen im Gebiete des Elektromagnetismus, auf die er mehr Werth legte, als auf die im Gebiete des reinen Magnetismus, glänzende praktische Anwendungen knüpfen ließen. »Könnte man,« so schreibt er 1835, »Tausende von Thalern verwenden, so glaube ich, daß z. B. die elektromagnetische Telegraphie zu einer Vollkommenheit und zu einem Maaßstabe gebracht werden könnte, vor der die Phantasie fast erschrickt. Der Kaiser von Rußland könnte seine Befehle ohne Zwischenstation in derselben Minute von Petersburg nach Odessa, ja vielleicht nach Kiachta geben, wenn nur der Kupferdraht von gehöriger (im

Voraus scharf zu bestimmender) Stärke gesichert hingeführt und an beiden Endpunkten mächtige Apparate und gut eingeübte Personen wären. Ich halte es nicht für unmöglich, eine Maschinerie anzugeben, wodurch eine Depesche fast so mechanisch abgespielt würde, wie ein Glockenspiel ein Musikstück abspielt, das einmal auf eine Walze gesetzt ist. Aber bis eine solche Maschinerie allmälig zur Vollkommenheit gebracht würde, müßten natürlich erst viele kostspielige Versuche gemacht werden, die freilich z. B. für das Königreich Hannover keinen Zweck haben. Um eine solche Kette in einem Schlage bis zu den Antipoden zu haben, wäre für 100 Millionen Thaler Kupferdraht vollkommen zureichend, für eine halb so große Distanz nur ein Viertel so viel, und so im Verhältnisse des Quadrats der Strecke.«

Von großem Interesse ist es auch, zu ersehen, daß diejenigen Methoden, welche Gauß schon damals bei seinen Göttinger Versuchen anwandte, dieselben sind, auf die man jetzt bei der transatlantischen Telegraphie wieder zurückzukommen scheint.

Die Zeit, in welcher Gauß begann, sich physikalischen Problemen mit großer Energie zuzuwenden, fällt zusammen mit einer Zeit schweren häuslichen Leides. Seine Frau hatte schon lange an einem Magenübel gekränkelt. Nachdem eine Katastrophe, in Folge welcher man glaubte Hoffnung schöpfen zu können, und die in der That eine wesentliche Besserung in dem Zustande der Leidenden herbeiführte, so daß sie sich besser befand, als seit Jahren, eingetreten war, zeigte sich leider bald wieder das alte Uebel, nur in noch traurigerer Gestalt, und im September 1831 starb nach unbeschreiblichen Leiden die arme Dulderin. Gauß wurde durch diesen Verlust aufs Tiefste erschüttert und sehnte sich, ebenfalls von einem Schauplatze abtreten zu können, wo die Freuden flüchtig und nichtig, die Leiden, Fehlschlagungen und schmerzlichen Täuschungen die Grundfarbe sind. Viele Monate später litt er noch an fortwährender Schlaflosigkeit bei Nacht und Abspannung am Tage, und konnte nicht absehen, wann er sich wieder zu frischem Lebensmuthe würde aufrichten können. Wir greifen wohl kaum fehl, wenn wir annehmen, daß hier ebenfalls ein Motiv sich zeigt, daß Gauß veranlaßte, neue, ihm bis dahin fremde und in sich hoch interessante Gebiete mit Anstrengung aller Geisteskraft zu betreten.

Die philologischen Neigungen, welche Gauß in seiner Jugend sogar der Mathematik abwendig zu machen drohten, traten in dem letzten Jahrzehnte seines Lebens wieder mit größerer Lebendigkeit hervor. Versuchsweise hatte er sich ums Jahr 1840 mit Sanskrit beschäftigt, das ihn aber wenig befriedigte; später erlernte er, um seinen Geist frisch und für neue Eindrücke empfänglicher zu erhalten, die russische Sprache, bekanntlich für denjenigen, der nur germanische und romanische Sprachen kennt, eine sehr schwierige Aufgabe. Ohne fremde Hülfe brachte er es darin binnen wenigen Jahren zu einer sehr großen Fertigkeit, so daß er von da an mit Vorliebe sich mit der russischen Literatur beschäftigte, während ihm früher vorzugsweise von ausländischer Literatur die Lectüre von Walter Scott's Werken angezogen hatte. Unter unseren deutschen Dichtern stellte er Richter ohne Frage in die erste Reihe; dagegen befriedigte ihn Göthe's Schreib- und Denkweise weniger: »er sei ihm an Gedanken zu arm« und seine lyrische Poesie, deren Werth und vollendete Form er nicht verkannte, schlug er nicht sehr hoch an. Noch weniger sagte ihm Schiller zu, dessen philosophische Ansichten ihm mitunter vollständig zuwider waren. So nannte er »Die Resignation« ein gotteslästerliches, durchaus moralisch verderbtes Gedicht und hatte in seiner Ausgabe mit Fracturschrift und Ausrufungszeichen das Wort »Mephistopheles« an den Rand geschrieben.

Alle philosophischen Ideen hielt Gauß nur für subjectiv und trennte sie, da sie strenger Begründung entbehrten, durchaus von der eigentlichen Wissenschaft.

Anerkennend hebt Sartorius von Waltershausen die religiöse Duldsamkeit von Gauß hervor, die er auf jeden aus der Tiefe des menschlichen Herzens entsprungenen Glauben übertrug, die aber durchaus nicht mit religiösem Indifferentismus zu verwechseln war. Im Gegentheil nahm er an der religiösen Entwickelung des menschlichen Geschlechts, vornehmlich aber an der unsers Jahrhunderts, den allerinnigsten Antheil. In Rücksicht auf die mannigfaltigen Glaubensverschiedenheiten, die häufig nicht mit seiner Anschauungsweise übereinstimmen konnten, hob er immer hervor, daß man nicht berechtigt sei, den Glauben anderer, in dem sie Trost in irdischen Leiden und eine sichere Zuflucht in den Tagen des Unglücks erblickten, in irgend einer Weise zu stören. Das Streben nach Wahrheit und das Gefühl für Gerechtigkeit bildeten die Grundlage von Gauß' religiöser Betrachtungsweise. Das geistige Leben im ganzen Weltall erfaßte er als ein großes, von ewiger Wahrheit durchdrungenes Rechtsverhältniß, und aus dieser Quelle schöpfte er vornehmlich die Zuversicht, das unerschütterliche Vertrauen, daß mit dem Tode unsere Laufbahn nicht geschlossen ist.

Die unerschütterliche Idee von einer persönlichen Fortdauer nach dem Tode, der feste Glaube an einen letzten Ordner der Dinge, an einen ewigen, gerechten, allweisen, allmächtigen Gott, bildete das Fundament seines religiösen Lebens. »Es giebt,« äußerte er eines Tages, »in dieser Welt einen Genuß des Verstandes, der in der Wissenschaft sich befriedigt, und einen Genuß des Herzens, der hauptsächlich darin besteht, daß die Menschen einander die Mühsale, die Beschwerden des Lebens gegenseitig erleichtern. Ist das aber die Aufgabe des höchsten Wesens, auf gesonderten Kugeln Geschöpfe zu erschaffen und sie, um ihnen solchen Genuß zu bereiten, 80 oder 90 Jahre existiren zu lassen? — so wäre das ein erbärmlicher Plan. Ob die Seele 80 Jahre lebt oder 80 Millionen Jahre, wenn sie ein Mal untergehen soll, so ist dieser Zeitraum doch nur eine Galgenfrist. Endlich würde es vorbei sein müssen. Man wird daher zu der Ansicht gedrängt, für die ohne eine strenge wissenschaftliche Begründung so vieles Andere spricht, daß neben dieser materiellen Welt noch eine zweite rein geistige Weltordnung existirt, mit eben so viel Mannigfaltigkeiten, als die in der wir leben — ihrer sollen wir theilhaftig werden.« —

Die letzten Jahrzehnte seines Lebens verlebte Gauß in stiller, ruhiger Beschaulichkeit; seit mehr als zwanzig Jahren hatte er keine Nacht außerhalb Göttingens zugebracht. Vormittags erschien er regelmäßig im literarischen Museum, woselbst er eine große Anzahl von Zeitungen durchsah, in denen ihn, außer den politischen Nachrichten, auch noch insbesondere die Börsennachrichten ansprachen, welche er aufmerksam im Interesse seiner statistischen Speculationen verfolgte. Ein Glück ist es, daß Niemand die eminente finanzielle Begabung zeitig genug ahnte, die Gauß besaß, und von der er z. B. einen so hervorragenden Beweis bei der Reorganisation der Professorenwittwencasse in Göttingen gegeben hat! Es würden dadurch noch größere Beeinträchtigungen seiner Muße entstanden sein, als die, welche wir oben beklagten. Die meisten ehemaligen Studirenden der Georgia Augusta aus dem zweiten Viertel dieses Jahrhunderts werden sich lebhaft das edle Antlitz des großen Mannes ins Gedächtniß zurückrufen können; denn auf den meisten von ihnen wird sein leuchtendes blaues Auge fragend geruht haben, wenn sie zufällig ein Blatt lasen, nach dem Gauß Verlangen trug, und das sich dann Jeder beeilte dem großen Manne darzureichen.

Auszeichnungen aller Art wurden Gauß vielfach zu Theil — zeichnete doch Jeder schließlich nur sich selbst aus, wenn er einen solchen Mann ehrte — und vorzüglich in großer Zahl am 16. Juli 1849, als der ehrwürdige Greis sein 50jähriges Doctorjubiläum feierte. An diesem Tage erhielt er auch das Ehrenbürgerrecht der Städte Braunschweig und Göttingen.

Schon im Jahre 1846 findet sich in einem Briefe an seinen Freund Schumacher das Verlangen ausgesprochen, seinen Abschied zu nehmen, um die letzten Jahre seines Lebens in freiester Selbstbestimmung, fern von der Last aller Berufsgeschäfte, verleben zu können. Nach seinem Jubiläum schien er überhaupt die Absicht zu haben, zu ruhen, und klagte, daß seine Arbeitszeit im Vergleich mit früheren Jahren merklich kürzer werde. Seine innigsten Freunde waren allmälig aus dem Leben geschieden: Olbers 1840, Bessel 1846. Im Jahre 1851 starb Schumacher, und Gauß vereinsamte mehr und mehr. In den beiden folgenden Wintern litt er viel an Schlaflosigkeit und andere Beschwerden des Alters traten auf, so daß er endlich, trotz seines geringen Vertrauens in die medicinischen Wissenschaften, sich im Januar 1854 veranlaßt sah, ärztlichen Rath zu suchen. Leider zeigte es sich, daß das Uebel, an welchem Gauß litt, ein Herzfehler war und daß man auf eine

Wiederherstellung kaum hoffen durfte. Die Anwendung zweckmäßiger Mittel besserte das Befinden, so daß der Sommer leidlich verlief. Im December 1854 zeigten sich jedoch sehr bedenkliche Symptome; nach mehrfachem Hin- und Herschwanken der Krankheit entschlief Gauß am 23. Februar 1855. Am Morgen des 26. Februar begleitete ein langer Zug von Leidtragenden den großen Todten von der Rotunde der Sternwarte zu seiner letzten Ruhestätte.

Das Bildniß des gewaltigen Mannes ist am schönsten der Nachwelt erhalten durch die Denkmünzen, welche der König von Hannover im Jahre 1856 auf ihn prägen ließ mit der Widmung:

Mathematicorum Principi.

Hiernach ist das diesen Zeilen vorangestellte Bild entworfen.

9 789356 894334

Printed at Repro India Ltd.